N. Muthu Kumaran

Sistema de compressão de imagem sem perdas rápido e eficiente baseado em VLSI

N. Muthu Kumaran

Sistema de compressão de imagem sem perdas rápido e eficiente baseado em VLSI

ScienciaScripts

Cover image: www.ingimage.com

This book is a translation from the original published under ISBN 978-620-2-30282-1.

Publisher:
Sciencia Scripts
is a trademark of
Dodo Books Indian Ocean Ltd. and OmniScriptum S.R.L publishing group

120 High Road, East Finchley, London, N2 9ED, United Kingdom
Str. Armeneasca 28/1, office 1, Chisinau MD-2012, Republic of Moldova, Europe
Managing Directors: Ieva Konstantinova, Victoria Ursu
info@omniscriptum.com

Printed at: see last page
ISBN: 978-620-8-58076-6

RESUMO

O sistema de compressão de imagens sem perdas para VLSI baseado no Código Binário Ajustado Simplificado de eficiência rápida e, em seguida, no algoritmo do Código de Arroz de Golomb é proposto para apresentar a compressão de imagens sem perdas. As imagens comprimidas são convertidas para a forma binária e estes ficheiros são implementados no Xilinx Platform Studio. O algoritmo SABC utilizado reduz o número de processos matemáticos e atinge uma velocidade de processamento elevada. O algoritmo FGRC é utilizado para eliminar a dependência dos dados, pelo que o poder de processamento é reduzido. A diferença de cor do pré-processamento também é planeada para melhorar a eficácia da codificação com o processo matemático do algoritmo SABC baseado em VLSI, que é utilizado para fornecer uma solução bem sucedida para a implementação VLSI do processo ao nível dos pixéis. O desempenho da abordagem de compressão de imagem baseada em VLSI é analisado em termos de sinal de porta, frequência, ciclos de relógio necessários, potência, taxa de processamento e tempo.

O objetivo futuro deste módulo é que a qualidade da imagem possa ser melhorada com um valor elevado da relação sinal/ruído de pico, utilizando algumas outras técnicas de compressão. Este método pode ainda ser melhorado através da implementação do kit Field Programmable Gate Array.

ÍNDICE DE CONTEÚDOS

LISTA DE ABREVIATURAS E SÍMBOLOS

EDA	-	Electronic Design Automation
EDK	-	Embedded Developer's Kit
EZW	-	Embedded Zero tree Wavelet
=	-	Equal
FELICS	-	Fast Efficient Lossless Image Compression System
FPGA	-	Field Programmable Gate Arrays
FDCT	-	Forward DCT
GSB	-	General Scaling Based
GIF	-	Graphics Interchange Format
HPF	-	High Pass Filter
HH	-	High pass to High pass
HL	-	High pass to low pass
X	-	Image
IOB	-	Input / Output Buffer
IC	-	Integrated Circuit
IDE	-	Integrated Development Environment
JPEG	-	Joint Photographic Experts Group
JPEG-LS	-	Joint Photographic Experts Group- lossless/near lossless compression
LUT	-	Look Up Tables
LPF	-	Low Pass Filter
LH	-	Low pass to high pass
LL	-	Low pass to low pass
MATLAB	-	Matrix Laboratory

PSNR	-	Peak Signal to Noise Ratio
PLATGEN	-	Platform Generation Tool
PNG	-	Portable Network Graphics
RTL	-	Register Transfer Level
RLC	-	Run Length Coding
SC	-	Sign Coding
SOC	-	System On Chip
USB	-	Universal Serial Bus
VLSI	-	Very Large Scale Integration
VHDL	-	VHSIC Hardware Description Language
VGA	-	Video Graphics Array
VB	-	Visual Basic
XMD	-	Xilinx Microprocessor Debug
XPS	-	Xilinx Platform Studio

CAPÍTULO 1

INTRODUÇÃO

1.1 Introdução

A compressão é útil porque reduz os recursos dispendiosos e a dimensão do espaço de armazenamento e, posteriormente, a largura de banda de transmissão. No sistema de imagem digital, o elemento pixel é o elemento de informação mais pequeno. A quantidade de cada pixel é variável para o processamento de imagens a cores. Normalmente, existem três componentes de cor principais, como o vermelho, o verde e o azul. Nesta compressão de imagem sem perdas, são utilizados principalmente dois algoritmos, nomeadamente o Código Binário Ajustado Simplificado (SABC) e o Código de Arroz de Glóbulos Fixos (FGRC). O algoritmo SABC é utilizado para minimizar o número de operações aritméticas e, em seguida, o algoritmo FGRC é utilizado para eliminar a necessidade de dados do sistema existente.

Neste módulo, a ferramenta de hardware utilizada é o processador dual core e a ferramenta de software é o sistema operativo Windows e o kit de ferramentas é o MATLAB 7.8 e o Model SIM 6.5.

CAPÍTULO 2

MÉTODOS ACTUAIS

Os métodos existentes baseados neste módulo são o fluxo de codificação complexo no ABC e a dependência de dados, pelo que se modificaram estes algoritmos para um ABC simplificado. A utilização deste algoritmo SABC reduz o número de processos matemáticos e melhora a velocidade de processamento do sistema. O outro modelo existente relacionado com esta técnica é o algoritmo GRC variável que é melhorado para o algoritmo FGRC e é utilizado para remover a dependência de dados dos valores de armazenamento do pixel anterior para o pixel seguinte. Por conseguinte, o espaço de armazenamento é minimizado e a velocidade de processamento pode ser melhorada. Em Gbit/s, as técnicas de hardware de compressão de dados sem perdas necessitam de mais bits de armazenamento para o CR, especialmente quando se comprimem pacotes pequenos. Outro conceito do LOCO-I é a baixa dificuldade do conceito de modelação das circunstâncias mundiais, correspondendo a sua secção de modelação a um componente de codificação simples. Neste método, o mais forte baseia-se na codificação matemática e o mais simples baseia-se num preditor permanente seguido de codificação Huffman.

CAPÍTULO 3

SISTEMA PROPOSTO

3.1 Código Binário Ajustado Simplificado

O quadro 1 mostra que o SABC, que indica os valores de amostra de P-L, indica os valores de pixel do nível atual e do nível seguinte a codificar. Aqui com indica a gama de valores de amostra possíveis a codificar para a representação digital. O procedimento de salto superior e inferior representa o número do limite superior e do limite inferior. Neste segmento, o salto inferior corresponde aos valores binários digitais e o limite superior corresponde ao valor da potência dos processos. Há quatro potências e valores possíveis indicados na forma simples de representação. Neste caso, o valor total do delta é igual a 4, e o intervalo do valor é igual a [0, 4]. Por conseguinte, o algoritmo SABC é utilizado para minimizar a operação matemática e melhorar a velocidade de processamento, sendo o número de bits necessário 2.

Quadro 1 Palavra-código do código binário ajustado simplificado

Sample of P-L	1	2	3	4
Codeword	00	01	10	11

3.2 Código fixo do arroz de Golomb

O algoritmo FGRC para o valor da potência e do alcance digital é a distribuição de probabilidade da taxa e da palavra de código eficiente. Neste caso, a intensidade é um valor de rácio de probabilidade elevado. Por conseguinte, o FGRC é adotado tanto para a gama de potência como para a gama de valores digitais. O FGRC é utilizado para eliminar a dependência dos dados do pixel anterior e do pixel do valor de referência atual. Assim, a memória é reduzida, pelo que a velocidade de processamento será tão elevada quanto possível e todos os pormenores serão discutidos mais tarde.

3.3 Descrição pormenorizada do fluxo de codificação complexa orientada para VLSI em ABC

Tabela 2 Operação aritmética em código binário ajustado

Coding procedure	Pseudo Code	Arithmetic Operation	
		For each coding procedure	**Total arithmetic operation**
Parameter computation	Range = delta+1	1 add/sub	6 add/sub 2 shift 2 com
	Threshold = 2^{upper_bound}- range	1add/sub and 1 shift	
	Shift number = (range-threshold)/2	1add/sub and 1 shift	
Circular Rotation	x=x-shift_number	1 add/sub	
	if(x<0)	1 com	
	X = x + range	1 add/sub	
Code word Generation	if(x> = threshold)	1 com	
	X = x + threshold	1 add/sub	

O ABC está dividido em três procedimentos de codificação. O primeiro método é o cálculo de parâmetros, o segundo é a rotação circular e o terceiro é o método de geração de palavras de código. O cálculo dos parâmetros gera os parâmetros de codificação e a rotação circular desloca a amostra inferior ao limiar para a secção do ponto central e as restantes para ambas as secções laterais. Após a rotação circular, a geração de palavras de código adiciona o limiar à amostra que é melhor do que o limiar. O bit de salto inferior é atribuído às outras amostras na secção do ponto central. Como resultado, o comprimento da palavra de código de cada amostra é dependente da atribuição de probabilidade dentro do intervalo. Para criar um SABC, é adotado um modelo compacto de atribuição de verosimilhança para reduzir o processo matemático em ABC, sendo que o resíduo mais pequeno, inferior ao limiar, é atribuído a uma palavra-código mais curta e a palavra-código mais longa é atribuída ao restante, superior ao limiar. A rotação circular desloca a amostra inferior ao limiar para a secção central e as restantes para ambas as secções laterais. Após a rotação circular, a geração da palavra de código acrescenta um limiar à amostra que é melhor do que o limiar. O bit de salto inferior é atribuído às amostras anteriores na secção central. Simultaneamente, o comprimento da palavra de código de cada amostra depende da atribuição da probabilidade de alcance interior.

3.4 Dependência de dados

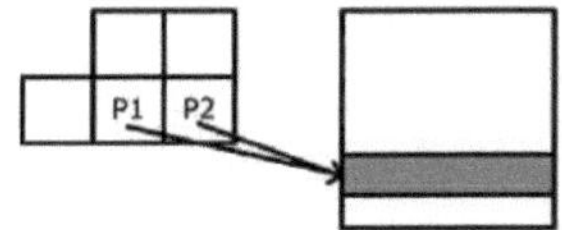

Figura 1 Pixéis consecutivos

A dependência de dados do pixel num processamento sequencial da tabela de acumulação é completamente actualizada pelo procedimento de codificação P1 e P2. No processamento paralelo, o procedimento de codificação P2 não pode ser realizado simultaneamente com o procedimento de codificação, dado que a tabela de acumulação é atualmente actualizada pelo processo de formação P1 e não está disponível para o processo de formação P2, como mostra a Figura 1. Embora a compressão rápida e eficiente de imagens seja um método simples e eficiente para a seleção de parâmetros k na GRC, também induz uma grande dependência de dados e limita o desempenho do hardware no processamento paralelo. Tanto P1 como P2 são codificados com GRC e mapeados para o mesmo valor delta na tabela de acumulação.

CAPÍTULO 4

MOTIVAÇÃO

Os métodos existentes baseados neste módulo são o fluxo de codificação complexo no algoritmo ABC e GRC variável e, em seguida, a dependência de dados. Existem vários métodos possíveis e estes métodos podem ter custos de embalagem elevados, dimensão da área e consumo de energia também elevados quando comparados com o desempenho do novo algoritmo proposto.

O algoritmo proposto foi recentemente desenvolvido pelo SABC e pelo algoritmo FGRC. No SABC, é adotado um modelo compacto de distribuição de probabilidades para reduzir a operação aritmética no ABC. O cálculo do algoritmo FGRC gera os parâmetros de codificação, a rotação circular desloca a amostra inferior ao limiar para a secção central e as restantes para ambas as secções laterais. Após a rotação circular, a produção da palavra de código adiciona o limiar à amostra, que é melhor que o limiar, durante a secção lateral interna e codifica-a com um bit de salto maior. O bit de salto inferior é atribuído às outras amostras na secção do ponto central. Como resultado, o comprimento da palavra de código de cada amostra é consistente com a atribuição de probabilidade de dentro do intervalo.

CAPÍTULO 5

OBJECTIVO

O objetivo deste módulo proposto é analisar o desempenho da arquitetura em comparação com os modelos existentes e melhorar a qualidade, a resolução e a progressividade dos componentes para uma compressão sem perdas, bem como diminuir o tamanho da imagem sem perder a qualidade da mesma. Para analisar os parâmetros de processamento da imagem e os parâmetros VLSI, como o tamanho da imagem, CR, BPP, MSE e o tamanho do bloco de pixels, são analisados os ciclos de relógio necessários, a potência, a taxa de processamento, o tempo de processamento, o tamanho da matriz e a área do processador.

CAPÍTULO 6

DIAGRAMA DE BLOCOS PARA A ARQUITECTURA MODIFICADA

6.1 Introdução

A figura 2 mostra o diagrama de blocos da arquitetura global do sistema de compressão rápida e eficiente da imagem. Aqui, a imagem de entrada é dividida em píxeis e cada píxel é diretamente ligado ao modelo de previsão e, em seguida, o modelo de previsão é utilizado para criar píxeis de referência N1 e N2 para cada píxel de progresso. O módulo de processamento da intensidade identifica o módulo que deve ser determinado, SABC ou FGRC, para codificar o pixel atual para o processo seguinte. Neste caso, os valores dos pixéis são P-L para SABC e L-P-1 e P-H-1 para FGRC.

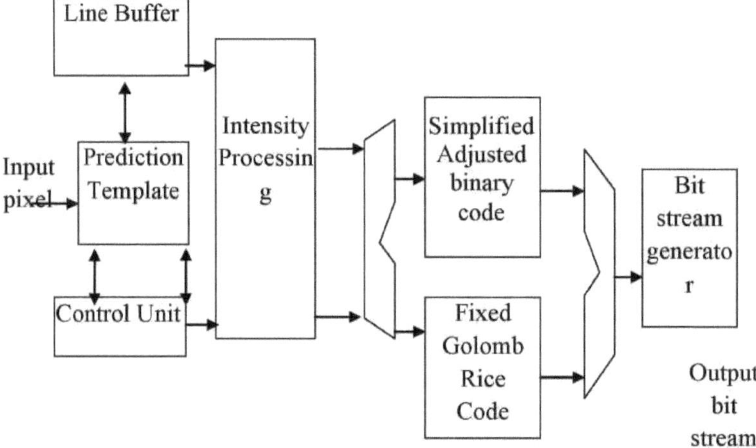

Figura 2 Diagrama de blocos da arquitetura modificada

6.2 Paralelismo de dois níveis

A linha com buffer de linha e coluna é utilizada para armazenar os pixels de orientação comparativa para cada progresso e valores de pixel subsequentes. A unidade de controlo de processamento é utilizada para comandar todas as programações de cada bloco, a fim de realizar todo o fluxo de codificação e, em seguida, o gerador de fluxo de bits é utilizado para os pacotes, que são transmitidos no código de comprimento variável em distância de bits permanente de ponta a ponta para transmissão através do ficheiro de cabeçalho. O fluxo de bits de saída recolhe todos os dados comprimidos no lado do destino.

Previous Row	N1	N2	N3	N4	N5	N6	N7	N8
Current Row	P1	P2	P3	P4	P5	P6	P7	P8

Figura 3 Programação de dados

6.3 Buffer de linha

O buffer de linha com o modo de processo é fazer com que os pixels de referência comparativos possam ser obtidos para cada pixel em progresso. Na orientação dos pixéis da linha anterior do buffer de linha e depois do pixel em curso dos valores de pixel da linha seguinte. Indica que o buffer de linha deve estar a efetuar operações de escrita e de leitura. O processo de RAM estática é transferido para o buffer de linha. Em geral, são utilizados dois line buffers, um par e outro ímpar. Para o desenvolvimento par e ímpar, o buffer de linha é capaz de efetuar operações de escrita e de leitura.

6.4 Algoritmo FELICS

A Figura 4 mostra a representação do caso do modelo de previsão no algoritmo de eficiência rápida, que tem quatro casos para todo o processo. Em todos os passos, analisámos todos os valores dos pixels actuais e de referência. O caso 1 mostra que P1 a P8 apresenta os pixels de referência e N1 a N8 os pixels actuais. O pixel atual e o pixel de referência estão ligados internamente numa operação de pingue-pongue com o pixel original. No caso 1 e no caso 2, o valor da intensidade e os valores dos pixéis são valores. Do mesmo modo, os casos 3 e 4 mostram a associação entre os valores dos pixéis em curso e os valores dos pixéis de orientação de outra operação de pingue-pongue. Aqui, o valor de referência N1 a N8 e o valor atual do pixel P1 a P8 são representados como L e H. O caso 1 mostra que P1 e P2 estão em linha reta e são inseridos no fluxo de bits sem qualquer processo de codificação. Para cada pixel em curso no caso 2, ambos os pixéis de referência são derivados dos dois últimos pixéis actuais. Por exemplo, ambos os pixels de referência do pixel atual P5 são derivados dos últimos pixels actuais, P3 e P4. Da mesma forma, o pixel atual P5 é também considerado como o pixel de referência para os pixels actuais seguintes, P6 e P7. Isto indica que cada pixel de corrente pode ser reutilizado como pixel de referência para os dois pixels de corrente seguintes no caso 2.

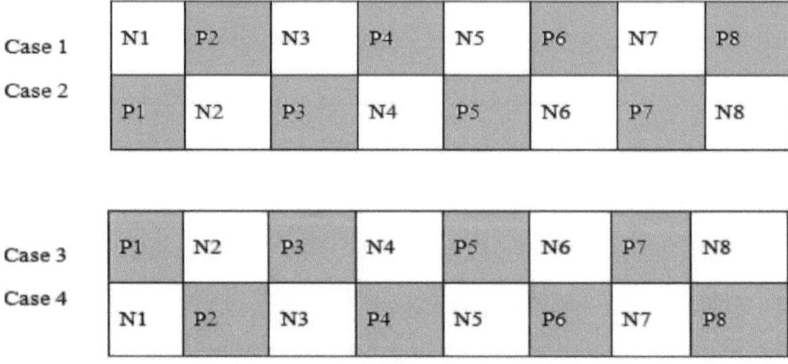

Figura 4 Símbolo de caso do algoritmo de modelo de previsão

1st row	P1	P2	P3	P4	P5	P6	P7	P8	P9	P10	P11	P12
2nd row	P13	P14	P15	P16	P17	P18	P19	P20	P21	P22	P23	P24
3rd row	P25	P26	P27	P28	P29	P30	P31	P32	P33	P34	P35	P36
4th row	P37	P38	P39	P40	P41	P42	P43	P44	P45	P46	P47	P48
5th row	P49	P50	P51	P52	P53	P54	P55	P56	P57	P58	P59	P60
6th row	P61	P62	P63	P64	....							

Figura 5 Tampão de linha de programação de dados

A figura 5 mostra que o desenvolvimento de dados para o buffer de linha para os dois primeiros pixels da primeira linha está numa linha empacotada em fluxo de bits sem qualquer procedimento de codificação e para dois pixels de referência, N1 e N2 para cada pixel em progresso. Finalmente, Low(L) torna-se o mínimo de (N1, N2) e High(H) torna-se o máximo de (N1, N2) e os padrões delta tornam-se = valores H-L. Assim, o resultado é aplicar SABC para P-L dentro da gama e FGRC para L-P-1 abaixo da gama e P-H-1 acima da gama.

6.5 Módulo do modelo de previsão

O módulo de modelo de previsão é responsável por tornar o pixel de orientação disponível para cada pixel em curso. O multiplexador é utilizado para mudar o caminho dos dados dos pixels actuais ou de referência em cada caso. O registo armazena cada pixel atual e de referência para o módulo de processamento de intensidade seguinte. O bit de sinal é utilizado para identificar qual o pixel de referência selecionado, H ou L. Uma vez obtidos H e L, o bit de sinal de H-P e P-L, o sinal H-P e o sinal P-L determinam o modo de codificação a selecionar.

6.6 Módulo de processamento de intensidade

No módulo de processamento da intensidade é utilizado para selecionar qualquer algoritmo. Aqui, a diferença entre N1 e N2 é obtida através de uma subtração e o seu bit de sinal é utilizado para identificar qual o pixel de referência que é H ou L. Uma vez obtidos H e L, o bit de sinal de H-P e P-L, Sign H-P e Sign P-L, pode ser explorado para determinar qual o modo de codificação a selecionar. Por conseguinte, H-P e P-L podem ser diretamente traduzidos em P-H-1 e L-P-1 através de um simples inversor e o P-L é também exatamente idêntico ao resíduo do SABC. Com H-P e P-L, não só o modo de codificação pode ser identificado para cada pixel atual, como também o resíduo de SABC e FGRC pode ser eficientemente obtido sem operações aritméticas de seleção complexas.

6.7 Código Binário Ajustado Simplificado

O módulo ABC simplificado divide-se em duas partes. A primeira parte é o gerador de parâmetros. Nesta secção, o delta derivado do módulo de processamento de intensidade gera informação de bit de limite superior e a gama é obtida com a gama, o limiar é copiado. O segundo módulo de código é o gerador de código, em que as palavras de código possíveis, incluindo P-L e P-L+Limiar, são selecionadas como símbolo de saída e P-L+Limiar é copiado para determinar a palavra de código possível que deve ser selecionada como símbolo de saída. Uma vez que a palavra de código de saída pode ser codificada com um salto melhor ou um salto menor, o gerador de bits bem sucedido indica o comprimento do código para a palavra de código de saída atual e este número de sequência é transmitido ao gerador de fluxo de bits.

6.8 Módulo fixo do código do arroz de Golomb

O comprimento total do código do FGRC é a soma do número de bits da parte unária e da parte binária. O módulo FGRC, gerador da parte unária, é responsável pela palavra de código da parte unária para um determinado resíduo. Com base na seleção do parâmetro de armazenamento, o parâmetro k é diretamente fixado em 2. A parte binária pode ser diretamente derivada pelos k bits mínimos do resíduo. Se o resíduo for demasiado grande, o GRC continua a apresentar uma palavra de código menos eficiente. Por conseguinte, os dados restantes são comparados com o valor de recorte lógico. Se o resíduo for inferior ao valor de recorte, a GRC é aplicada. Caso contrário, o resíduo é diretamente ligado ao código de identificação para gerar a palavra de código de saída.

6.9 Gerador de fluxo de bits

O gerador de fluxo de bits é um adaptador entre a arquitetura proposta e as interfaces de ligação de transmissão externas. O principal objetivo do gerador de fluxo de bits consiste em empacotar cada palavra de código de saída num fluxo de bits com um código de prefixo e proporcionar um alinhamento do fluxo de bits de saída para se adaptar a uma largura de barramento dedicado . Para cada palavra de código, o código de prefixo é inserido no início da mesma e utilizado para identificar o modo de codificação adotado para essa palavra de código. O alinhamento do fluxo de bits recebe as palavras de código das fases anteriores e empacota-as no fluxo de bits. Além disso, o comprimento da palavra de código fornece a informação para a concatenação da palavra de código com a largura de barramento dedicada. Ao mesmo tempo, o ponteiro da memória intermédia acumula o comprimento da palavra-código derivado da fase anterior para verificar o estado da memória intermédia do fluxo de bits. Quando os dados do fluxo de bits são retirados da memória intermédia do fluxo de bits, o ponteiro da memória intermédia é automaticamente atualizado. Se a memória intermédia do fluxo de bits estiver cheia, o ponteiro do fluxo de bits envia um sinal de sobrecarga para informar os sistemas externos do procedimento de proteção contra sobrecarga, como mostra a figura 6.

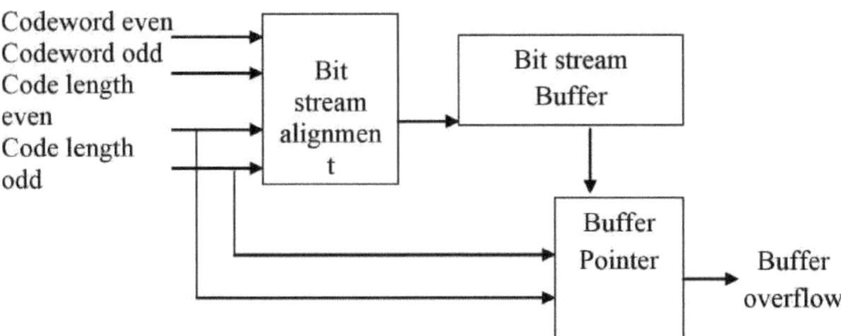

Figura 6 Arquitetura do gerador de fluxos de bits

CAPÍTULO 7

IMPLEMENTAÇÕES DE SIMULAÇÃO NO MODELO SIM RESULTADOS E DISCUSSÃO

A figura 7 mostra a imagem de entrada a cores com um valor de pixel de 640 × 480. Nesta fase, podemos selecionar qualquer tamanho de ficheiro da imagem como entrada. Aqui, a imagem de entrada é a imagem a cores baseada em RGB. Esta imagem de entrada é utilizada para o processo posterior de compressão da imagem e para a análise dos parâmetros baseados em VLSI.

A figura 8 mostra a conversão da imagem de entrada a cores em imagem de nível cinzento com o valor de 640 × 480 píxeis. A figura 9 mostra que a imagem a cinzento é convertida numa imagem redimensionada ou comprimida. Assim, o tamanho da imagem pode ser reduzido. O tamanho da imagem redimensionada é 10 × 10. A imagem redimensionada é constituída por 100 píxeis (10 × 10).

Figura 7 Imagem de entrada com 640 × 480 píxeis

Figura 8 Imagem de nível de cinzento com 640 × 480 píxeis

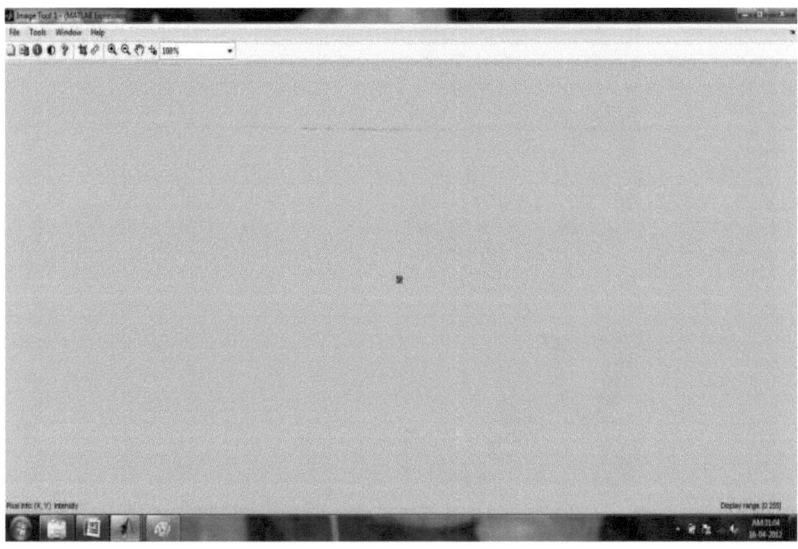

Figura 9 Redimensionar a imagem com o pixel 10 × 10

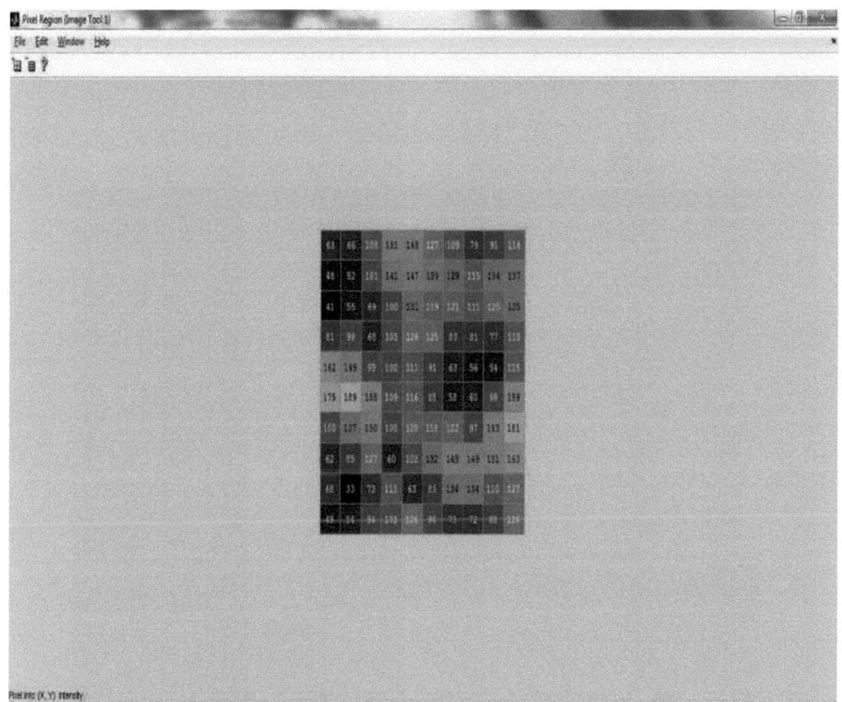

Figura 10 Valor de pixéis de uma imagem

A Figura 10 representa o valor de pixel da imagem redimensionada. Assim, o tamanho da imagem pode ser convertido em pixéis do valor de texto ou valor binário. Os valores dos pixels são tomados e dados como entrada para o modelo de previsão. Cada valor de pixel da imagem comprimida é apresentado na Figura 11. A figura 12 representa a onda de saída do modelo de previsão. A entrada do modelo de previsão é o valor de pixel da imagem de entrada de tamanho reorganizado e a saída do modelo de previsão é baseada na potência, área e velocidade dos parâmetros. O modelo de previsão cria dois pixéis de referência N1 e N2 para cada pixel atual. Esta saída é dada como entrada para o processamento da intensidade.

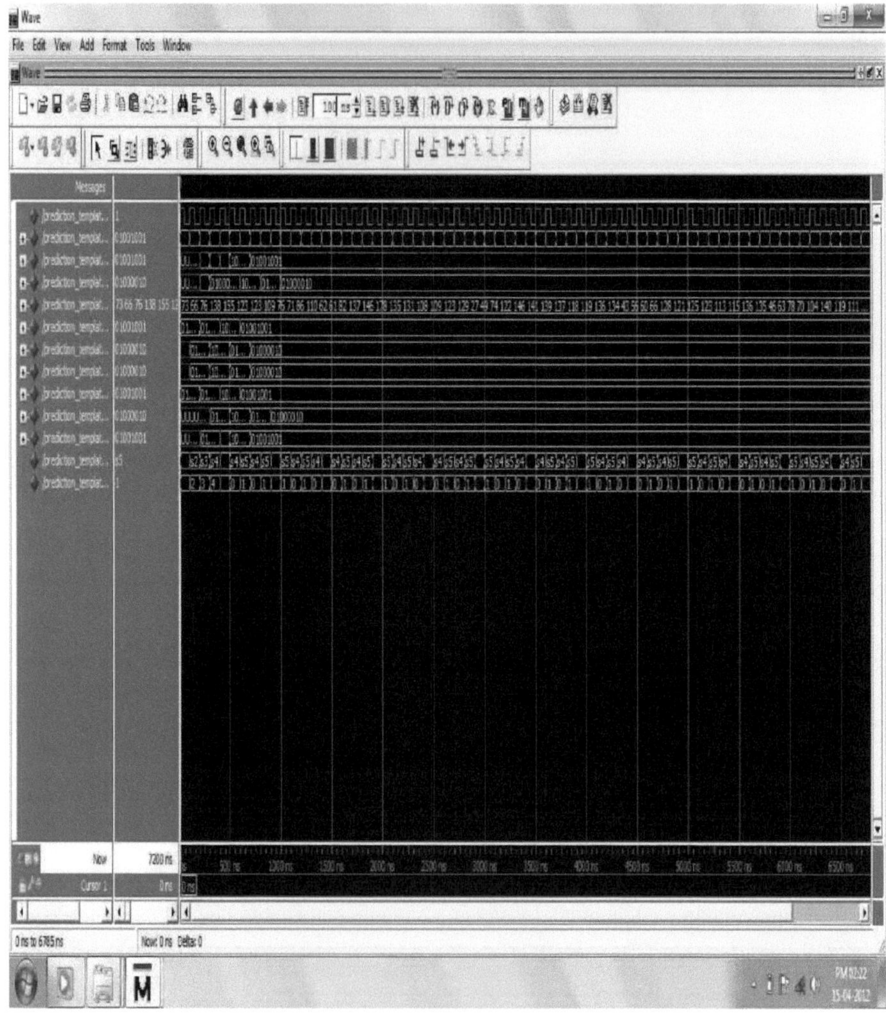

Figura 11 Forma de onda de saída para o modelo de previsão

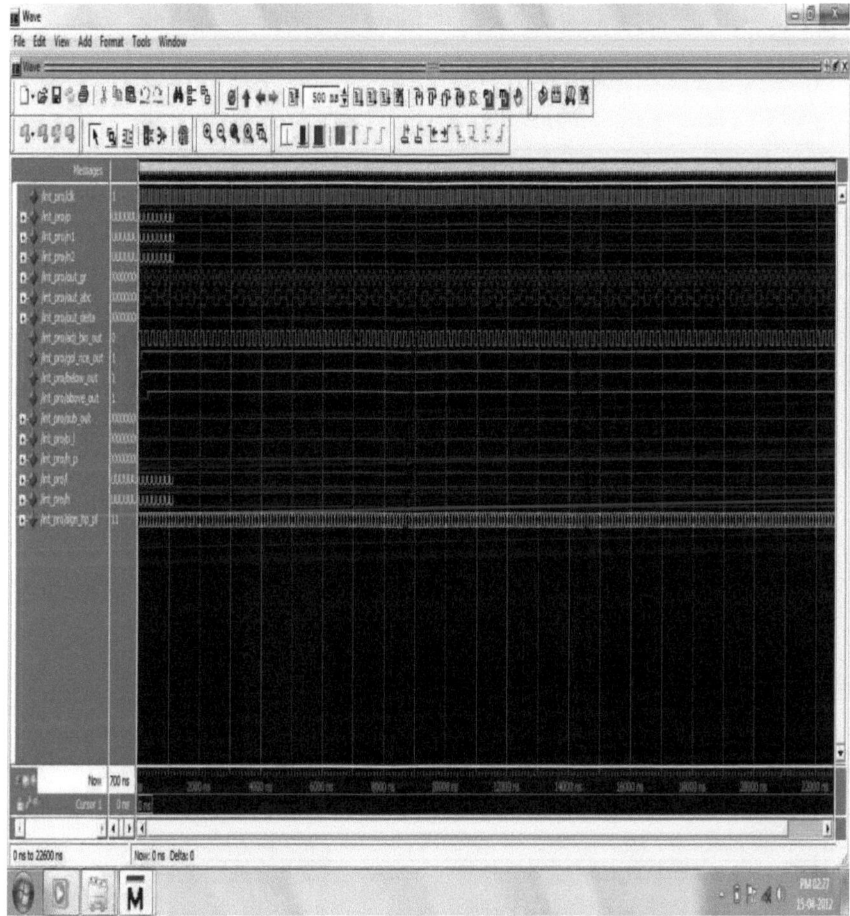

Figura 12 Forma de onda de saída para o processamento da intensidade

A Figura 13 representa a onda de saída do processamento da intensidade. A entrada do processamento da intensidade é a saída do modelo de previsão. Este identifica o modo de codificação que deve ser selecionado, ABC ou GRC, para codificar o pixel atual. A saída do processamento da intensidade baseia-se na potência, na área e na velocidade. A figura 14 representa a onda de saída do ABC simplificado. A entrada do ABC simplificado é a saída do processamento da intensidade. É adotado um modelo compacto de distribuição de probabilidades para reduzir a operação matemática no ABC. O resíduo menor que o limiar é atribuído a uma palavra de código mais curta e a palavra de código mais longa é atribuída ao resíduo maior que os valores limiares.

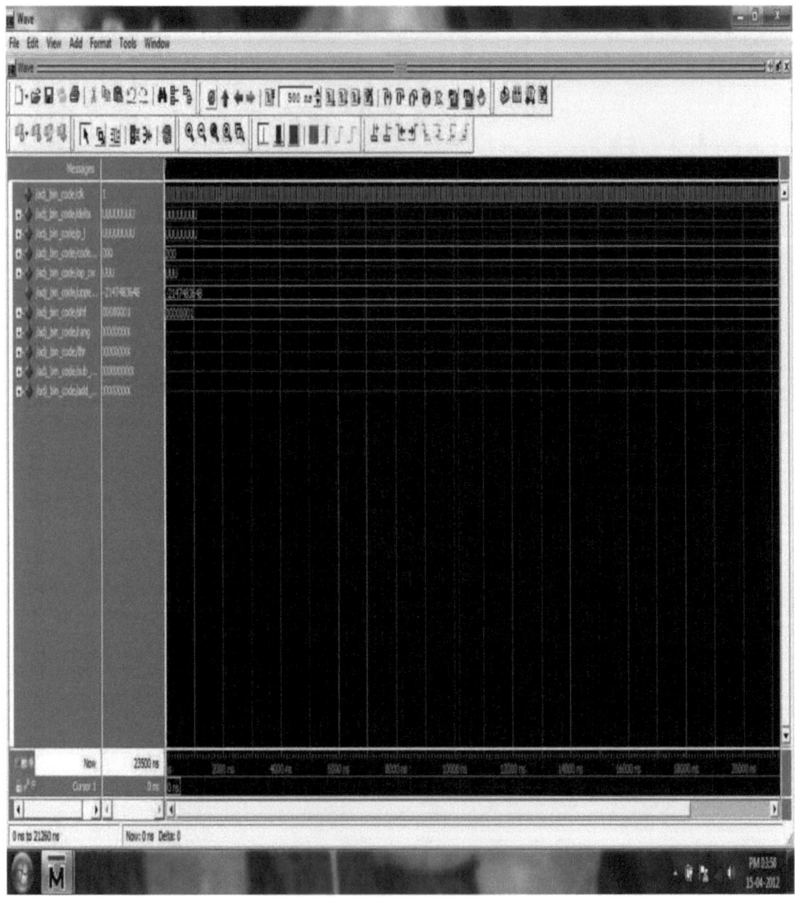

Figura 13 Forma de onda de saída para SABC

A figura 15 representa a forma de onda de saída para o parâmetro FGRC. A entrada do FGRC com parâmetro de armazenamento inferior a k é a saída do processamento da intensidade e a saída do FGRC com parâmetro de armazenamento inferior a k baseia-se na baixa potência, na pequena área e na alta velocidade. O FGRC é adotado para a gama superior e inferior com vários tipos de taxa de decaimento exponencial, a função de distribuição exponencial (EDF) pode ser adequadamente explorada para analisar o impacto na eficiência da codificação. A figura 16 representa a saída do gerador de fluxo de bits. A entrada do gerador de fluxo de bits é a saída do FGRC com o armazenamento de menos parâmetros k e a onda de saída para o código binário ajustado simplificado. Estes valores de entrada são convertidos na saída do gerador de fluxo de bits com base na baixa potência, pequena área e alta velocidade.

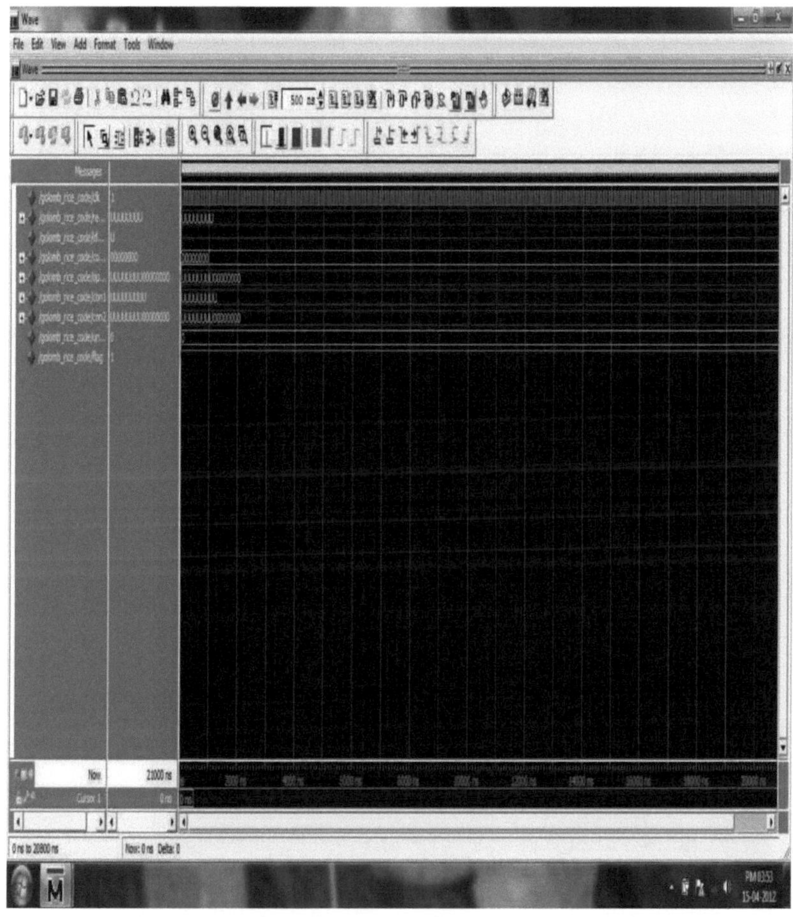

Figura 14 Forma de onda de saída para o FGRC

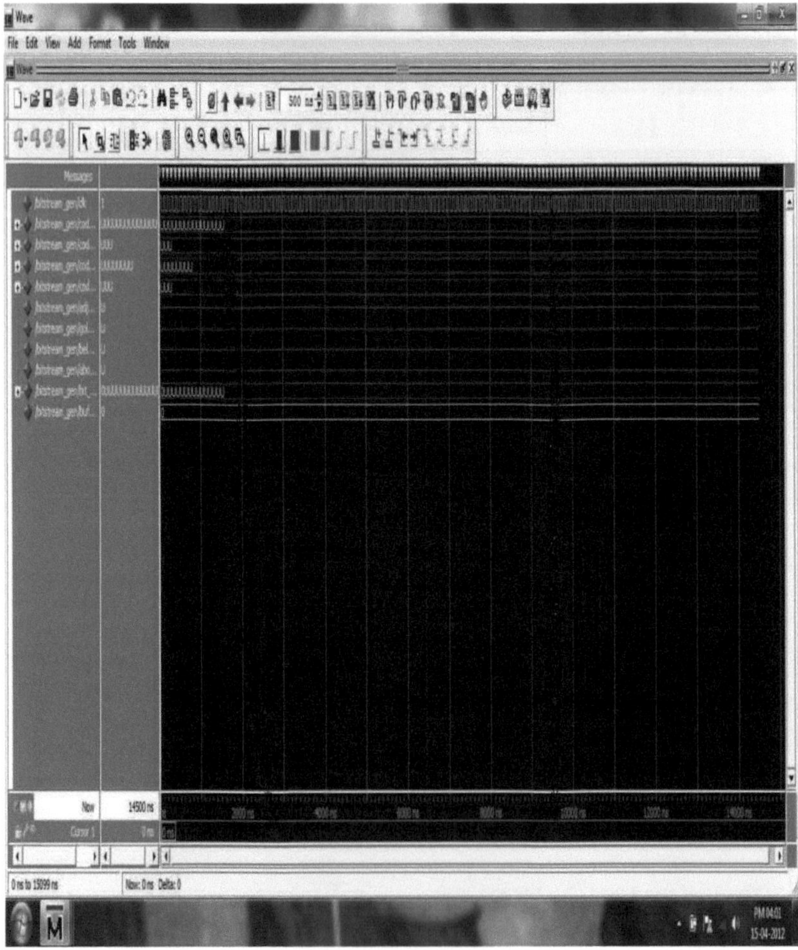

Figura 15 Forma de onda de saída do gerador de fluxo de bits

A figura 17 representa a onda de saída final do FELICS para a imagem de saída comprimida. A entrada da onda de saída do FELICS é a saída do gerador de fluxo de bits. Estes valores de entrada são aplicados à onda de saída FELICS e esta é convertida em baixa potência, pequena área e alta velocidade. A palavra de código e o comprimento do código são retirados da onda de saída FELICS.

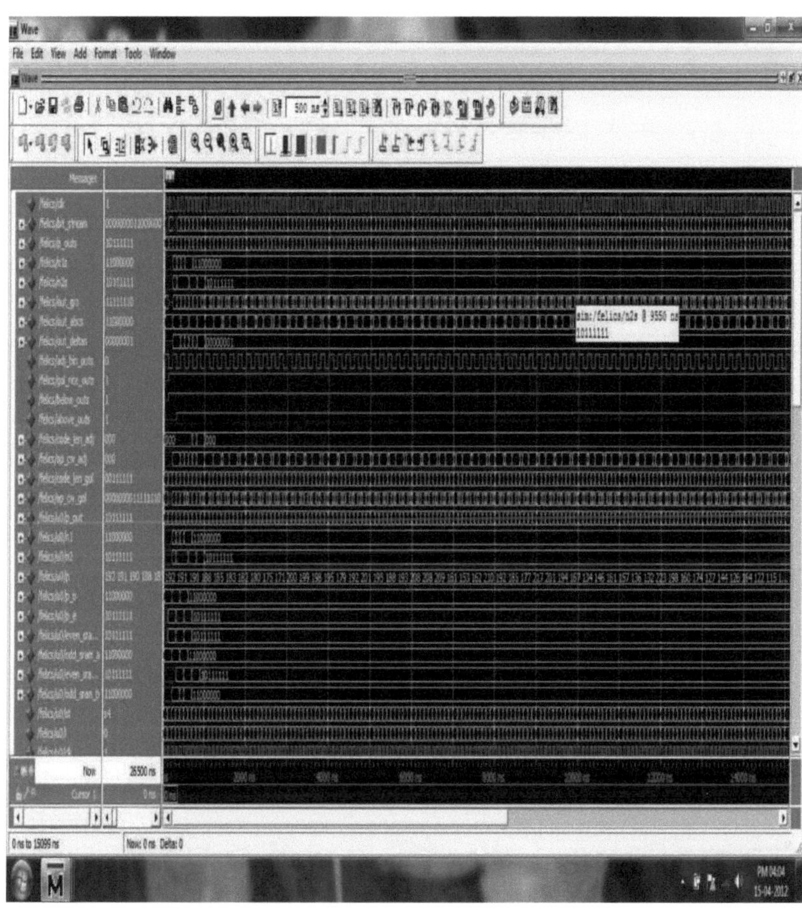

Figura 16 Forma de onda de saída do Fast Efficient

Quadro 3 Operação aritmética entre ABC e SABC

Arithmetic operation	Add/sub	com	shift	Total
Adjusted Binary Code	6	2	2	10
Simplified ABC	3	1	0	4

Tabela 4 Comparação de resultados com GRC e FGRC

Performance	No. of Cumulating Table	Data Dependency
GRC	4 × 256 = 1024	Available
FGRC	1 × 256 = 256	NA

O quadro 3 mostra o ABC simplificado, que reduz o número total de operações matemáticas de 10 para 4, aumentando assim a velocidade de processamento do sistema. O módulo ABC existente é utilizado para obter a velocidade de processamento da operação matemática, que é de 10 números, mas utilizando os módulos SABC esta é reduzida para 4 números. O quadro 4 mostra a comparação dos resultados com o valor k variável e o valor k fixo do número de dados na tabela de acumulação para o parâmetro k variável é 1024. Enquanto que o número de dados para o parâmetro k fixo é de 256. Por conseguinte, a área também é reduzida. Finalmente, o algoritmo FELIES normal tem dependência de dados, mas o algoritmo FELIES modificado orientado para VLSI não tem dependência de dados.

Quadro 5 Resumo da conceção da unidade de identificação IC

Particulars	Available	Used	Utilization
Number of 4 input LUTs	13,824	203	1%
Number of occupied slices	13,824	83	1%
Number of bonded I/Os	97	47	48%
Number of Flip-Flops	18,672	67	7%
Number of Multi I/Os	16	1	6%
Number of Global clocks	8	1	11%
Number used as Latches	1,820	16	0.8%
Number of bonded IOBs	510	16	3 %

Neste domínio, o quadro 5 descreve a identificação sumária da conceção da unidade de CI em vários parâmetros utilizados e disponíveis e as percentagens utilizadas são indicadas. A Tabela 6 mostra a tabela de especificações para a simulação do Modelo SIM 6.5 de toda a etapa envolvida no processamento posterior. Aqui, informámos claramente toda a especificação, a frequência de funcionamento, o tempo de processamento, os registos, os detalhes da alimentação, a utilização de dispositivos e parâmetros e, por fim, são indicados todos os valores medidos.

Quadro 6 Quadro de especificações

Sl. No	Contents	Specification
1	Processor	Model SIM 6.5
2	Power Supply	12 V
3	Current	1-1.3A
4	Serial port	UART
5	Parallel Port	JTAG
6	Image pixel size	640 × 480
7	Re size Image pixel	10 × 10
8	Clock Frequency	33.739 MHz
9	Minimum period	29.639ns
10	On chip Memory	8 KB
11	Off chip Memory	1 MB

Quadro 7 Análise do parâmetro de processamento de imagem

Sl. No	Parameter	Range/ Values
1	Image size	640 × 480
2	Compressed image size	10 × 10
3	Compression Type	Lossless
4	Compression Algorithm	Fast Efficient ABC & GRC
5	Pixel Block size	10 × 10
6	CR	4
7	BPP	1
8	PSNR values	40
9	MSE	0

Quadro 8 Análise do parâmetro VLSI

Sl. No	Parameter	Range/ Values
1	Number of processing time in Seconds	29.639 ns
2	Performance in terms of clock cycles.	41,94,304
3	Performance in terms of power	328 μW
4	Performance in terms of processing rate	11 cycles / pixels
5	Performance in terms of logic gates	2,121
6	Technology	0.5 μm
7	Array Size	512 × 512
8	Processor Area	0.36 mm^2
9	Number of Baud rate bit	9,600
10	Post processing Requirement	No
11	Maximum Frequency	33.739 MHz
12	Maximum combinational delay path	No path
13	Maximum output time required after clock	6.02 ns
14	Flip Flops	12

O desempenho da abordagem de compressão de imagem proposta é analisado no parâmetro de processamento de imagem na Tabela 7 e no parâmetro de análise VLSI na Tabela 8. No parâmetro de processamento da imagem, analisamos os vários parâmetros, como o algoritmo de compressão, o tamanho da imagem, o CR, o BPP, o MSE e o tamanho do bloco de píxeis. Na análise dos parâmetros VLSI, são analisados os ciclos de relógio necessários, a potência, a taxa de processamento, o tempo de processamento, o tamanho da matriz e a área do processador.

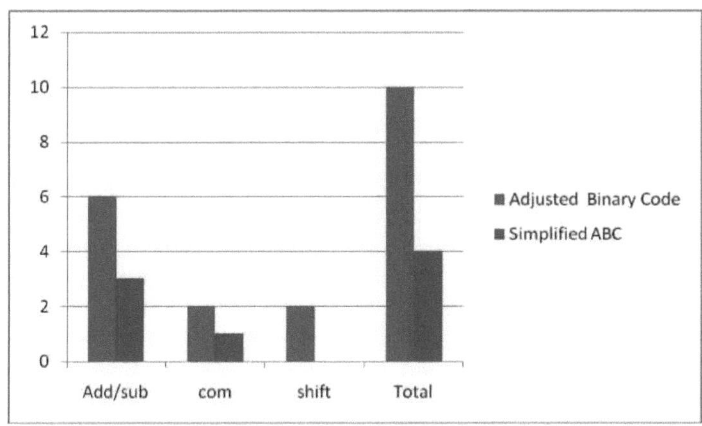

Figura 17 Análise comparativa do método atual e do método proposto

A figura 17 mostra a representação da análise comparativa do método existente e do método proposto. Nesta representação gráfica de barras, o método proposto, o método ABC simplificado, é comparado com os métodos ABC existentes. Quando o tamanho da imagem é alterado de um valor inferior para um valor superior, cada módulo demora mais tempo a concluir o processo. No mesmo conceito, podemos analisar os diferentes tamanhos de imagem, que demoram tempos diferentes na unidade de segundos. O número de ciclos de relógio varia consoante o tamanho das imagens de entrada. Quando o tamanho da imagem de entrada é maior, a abordagem necessita de um maior número de ciclos de relógio para executar o processo. Mas a potência não varia consoante as imagens ou os tamanhos das imagens. Do mesmo modo, a taxa de processamento de cada módulo fornece resultados semelhantes.

CAPÍTULO 8

CONCLUSÃO E TRABALHO FUTURO

Assim, o algoritmo SABC é utilizado para minimizar o número de operações matemáticas e melhorar a elevada velocidade de processamento do sistema. Estes métodos acima referidos são utilizados para reduzir o número total de operações matemáticas de 10 para 4. O módulo ABC existente é utilizado para obter uma velocidade de processamento de operações matemáticas de 10 números, mas utilizando os módulos SABC a sua velocidade é reduzida para 4 números. Assim, o algoritmo FGRC é utilizado para eliminar a dependência dos dados e as informações de armazenamento suplementares, pelo que o espaço em disco pode ser reduzido e a potência também. O algoritmo FGRC acima referido é utilizado para a acumulação de dados, que é de 256, enquanto o número de dados na tabela de acumulação para o parâmetro variável k é de 1024.

O aperfeiçoamento desta técnica é aplicado por algumas outras técnicas de compressão e o desempenho de vários parâmetros é melhorado.

CAPÍTULO 9

RESUMO E CONCLUSÕES

9.1 RESUMO

Este capítulo de resumo e conclusão da minha tese é uma profanação. O meu primeiro livro trata de um dos meus módulos de investigação, a implementação VLSI e a análise de algoritmos BBC. O esquema de codificação diferencial baseado no algoritmo BBC utiliza o número compacto de bits à medida que a gama ativa é comprimida. O algoritmo BBC é utilizado para eliminar a redundância espacial. A qualidade da imagem aumenta ainda mais e requer menos espaço de memória. Isto melhora o valor PSNR e o valor BPP é reduzido. Assim, o aumento do PSNR e a diminuição dos valores BPP resultarão numa melhor qualidade da imagem e também na análise de vários processamentos de imagens digitais. Finalmente, os módulos foram implementados pelo software HDL ativo. Analisámos o desempenho de cada módulo utilizando parâmetros como a porta necessária, os ciclos de relógio necessários, a potência, a taxa de processamento e o tempo de processamento.

O segundo livro trata do módulo, a implementação FPGA da compressão e recuperação de imagens utilizando o código DWT e SPIHT. Numa implementação FPGA eficiente do algoritmo SPIHT, está a ser utilizado para a compressão de imagens. Utiliza a redundância intrínseca no meio dos coeficientes de wavelet e é compatível tanto com imagens a cinzento como a cores. Utilizando os valores de pixel de uma imagem de entrada, a imagem é decomposta em quatro sub-bandas diferentes utilizando a DWT. Em seguida, a imagem decomposta é comprimida utilizando o código SPIHT. A imagem comprimida assim obtida é implementada utilizando FPGA. Isto faz do SPIHT um algoritmo mais adequado para a implementação em hardware.

O terceiro livro trata do módulo "Análise baseada em QTD da comunicação de dados de imagens comprimidas com e sem perdas utilizando RSSF". A QTD pode ser aplicada através de duas abordagens alternativas, a primeira é a decomposição de baixo para cima e a segunda é a decomposição de cima para baixo. A QTD tem sido amplamente utilizada devido à sua baixa dificuldade e ao seu potencial de controlo da compressão. Os parâmetros que devem ser analisados durante a compressão são CR, PSNR, BPP e MSE. Os parâmetros a analisar durante a transmissão da imagem através da rede de sensores sem fios são a taxa de transferência, o atraso, a perda de pacotes e o tempo de transmissão.

Assim, os livros finais tratam do módulo, sistema de compressão de imagem sem perdas, rápido e eficiente baseado em VLSI para o algoritmo SABC e FGRC. O algoritmo SABC é utilizado para diminuir a quantidade de processos matemáticos e também para melhorar a velocidade de processamento do sistema. O valor fixo no algoritmo GRC é utilizado para remover a dependência de dados e o valor de armazenamento extra para a construção. Utilizando estas técnicas, podemos analisar vários parâmetros relacionados com o processamento de imagens e os parâmetros VLSI.

9.2 CONCLUSÃO E TRABALHO FUTURO

Na conclusão e no trabalho futuro, é discutido todo o módulo da técnica de investigação. A conclusão do algoritmo BBC baseia-se na conceção da codificação diferencial, que é utilizada para diminuir o número de bits à medida que a gama ativa é comprimida. O algoritmo BBC é utilizado para eliminar a redundância espacial. A qualidade da imagem aumenta ainda mais, requer menos espaço de memória e também melhora o valor PSNR. O valor BPP é reduzido. Assim, o aumento do PSNR e a diminuição dos valores BPP resultarão numa melhor qualidade da imagem. Por fim, os módulos foram implementados e o desempenho de cada módulo foi analisado com base em parâmetros como a porta necessária, os ciclos de relógio necessários, a potência, a taxa de processamento e o tempo de processamento. Além disso, é discutida a análise de desempenho da arquitetura proposta com três imagens de diferentes tamanhos (256 x 256, 512 x 512 e 1024 x 1024). Da análise relativa aos módulos anteriores, conclui-se que o método proposto oferece um bom desempenho em termos de eficiência energética correspondente a 12,2 m W/chip.

Foi apresentada a conclusão do algoritmo SPIHT que funciona através do SPIHT e realiza completamente a codificação no domínio VLSI. A realização deste princípio correspondeu ao algoritmo de codificação e descodificação, que é novo e demonstrou ser mais eficaz do que na implementação anterior do algoritmo EZW. Os resultados deste algoritmo de codificação com a sua rápida execução são tão impressionantes que são utilizados para a normalização no futuro sistema de compressão de imagem. Finalmente, e de acordo com o que sabemos, o algoritmo de codificação DWT e SPIHT rápido e eficiente é o primeiro esquema de implementação e recuperação proposto no processamento de imagens. Em termos de velocidade de processamento e de memória, atinge um desempenho muito elevado.

Assim, foi apresentada a conclusão do algoritmo QTD sem perdas, a compressão da imagem e a transmissão da imagem comprimida sob a forma de pacotes de dados de informação maiores do que WSN. A nova abordagem do método proposto baseia-se no algoritmo QTD com e sem perdas que comprime a informação dos dados da imagem e esta informação deve ser transmitida através de conjuntos de pacotes de tamanho variável e analisando os parâmetros de processamento da imagem, tais como BPPs, CR, PSNR, MSE no bloco de compressão e os parâmetros de rede, tais como taxa de transferência, perdas de pacotes, taxa de entrega de pacotes e energia, são analisados no bloco RSSF. Neste caso, o tamanho da imagem é de 180 x 180 e o tipo de compressão é sem perdas, com um rácio de 1,33, sendo também analisados vários parâmetros e os parâmetros da RSSF são atingidos com um débito elevado e uma baixa perda de pacotes, em comparação com os módulos existentes.

Assim, o algoritmo SABC é utilizado para minimizar o número de processos matemáticos e melhorar a velocidade de processamento do sistema. Estes métodos acima referidos são utilizados para reduzir o número total de operações matemáticas de 10 para 4. Os módulos ABC existentes são utilizados para obter uma velocidade de processamento de operações matemáticas de 10 números, mas utilizando os módulos SABC esta é reduzida para 4 números. Assim, o algoritmo FGRC é utilizado para eliminar a dependência dos dados e as informações de armazenamento suplementares, pelo que o espaço em disco pode ser reduzido e a potência também. O algoritmo FGRC acima referido é utilizado para acumular 256 dados, enquanto o número de dados para o módulo GRC é 1024.

Aqui, com a futura modificação da minha investigação, são apresentados pormenores relacionados. O esquema global planeado foi aplicado a várias tentativas, o que prova a boa organização da futura modificação. Os estudos futuros centrar-se-ão no desenvolvimento de um novo algoritmo de compressão e na melhoria da taxa de compressão, bem como na diminuição das perdas. São obtidos mais melhoramentos do sistema proposto com tamanho reduzido para a transmissão e é efectuada a minimização da área. As melhorias adicionais do sistema proposto reduzirão a imagem comprimida, sendo assim implementadas utilizando o kit FPGA e analisando os parâmetros VLSI, como a área, a velocidade e a potência, e também este método pode ser implementado com paralelismo multinível.

CAPÍTULO 10

ANÁLISE COMPARATIVA DE TODOS OS MÓDULOS

10.1 INTRODUÇÃO

Este capítulo aborda os pormenores da análise comparativa dos parâmetros de processamento da imagem e da análise comparativa dos parâmetros VLSI e trata da análise comparativa de todos os capítulos ou módulos acima referidos. Neste capítulo de análise comparativa, são apresentados os pormenores sobre os métodos, algoritmos e técnicas e, em seguida, o software utilizado nestas técnicas e também são analisados os parâmetros.

10.2 ANÁLISE COMPARATIVA DO PARÂMETRO DE PROCESSAMENTO DE IMAGEM

Tabela 9 Análise comparativa do parâmetro de processamento de imagem

Sl. No	Modules	Parameter	Values
1	VLSI Implementation & Analysis of Block Based Compression Algorithms.	Image size	512 x 512
		Compression Type	Lossless
		CR	0.041669
		Compression Algorithm	BBC Algorithm
		PSNR	42.8343
		MSE	0
		BPP	1.0001
		Pixel block size	4 x 4

Quadro 9 (continuação)

Sl. No	Modules	Parameter	Values
2	FPGA Implementation of Image Compression and Retrieval.	Image size	512 x 512
		Compression Type	Lossless
		CR	4
		Compression Algorithm	FPGA based DWT & SPIHT Code Algorithm
		PSNR	40
		MSE	0
		BPP	1
		Pixel block size	4 x 4
3	Fast Efficient Satellite Image Compression and Decompression.	Image size	523 x 583
		Compression Type	Lossless
		CR	12.5
		Compression Algorithm	Fast Efficient WBA
		PSNR	Infinite
		MSE	0
		BPP	1
		Pixel block size	8 x 8
4	QTD Analysis of Compressed Image Data Communication for Lossless.	Image size	180 x 180
		Compression Type	Lossless
		CR	1.3303
		Compression Algorithm	QTD Algorithm
		PSNR	Infinity
		MSE	0
		BPP	18.0412
		Pixel block size	4 x 4
5	VLSI based Fast Efficient Lossless Image Compression System.	Image size	640 x 480
		Compression Type	Lossless
		CR	4
		Compression Algorithm	Fast Efficient ABC&GRC
		PSNR	40
		MSE	0
		BPP	1
		Pixel block size	4 x 4

10.3 ANÁLISE COMPARATIVA DOS PARÂMETROS VLSI

Quadro 10 Análise comparativa do parâmetro VLSI

Sl. No	Modules	Parameter	Values
1	VLSI Implementation & Analysis of Block Based Compression Algorithms.	Number of processing time in Seconds	4.1943s
		Performance in terms of clock cycles.	41,94,304
		Performance in terms of power	328μW
		Performance in terms of processing rate	11 cycles / pixels
		Performance in terms of logic gates	362
		Technology	0.35 μm
		Array Size	512 x 512
		Processor Area	1.8 mm^2
		Number of Baud rate bit	9600
		Post processing Requirement	No
		Maximum Frequency	50 MHz
		Maximum output time after clock	1.002s
		Maximum combinational delay path	No path
		IOB Flip Flops	2,194
		Number of 4 input LUTs	75
		Number of occupied slices	39
2	FPGA Implementation of Image Compression and Retrieval.	Number of processing time in Seconds	4.19s
		Performance in terms of clock cycles.	4194304
		Performance in terms of power	328μW
		Performance in terms of processing rate	11 cycles / pixels
		Performance in terms of logic gates	41,94,304
		Technology	0.35 μm
		Array Size	512 x 512
		Processor Area	0.36 mm^2
		Number of Baud rate bit	9,600
		Post processing Requirement	No
		Maximum Frequency	50 MHz
		Maximum output time after clock	1s
		Maximum combinational delay path	No path
		IOB Flip Flops	5,520
		Number of 4 input LUTs	4,037
		Number of occupied slices	3,274

Quadro 10 (continuação)

Sl. No	Modules	Parameter	Values
3	VLSI based Fast Efficient Lossless Image Compression System.	Number of processing time in Seconds	29.639 ns
		Performance in terms of clock cycles.	41,94,304
		Performance in terms of power	328μW
		Performance in terms of processing rate	11 cycles / pixels
		Performance in terms of logic gates	2121
		Technology	0.35 μm
		Array Size	512 x 512
		Processor Area	0.36 mm^2
		Number of Baud rate bit	9,600
		Post processing Requirement	No
		Maximum Frequency	33.739MHz
		Maximum output time after clock	6.02ns
		Maximum combinational delay path	No path
		Flip Flops	12
		Number of 4 input LUTs	203
		Number of occupied slices	83

10.4 ANÁLISE COMPARATIVA DE TODOS OS CAPÍTULOS

Quadro 11 Análise comparativa de todos os capítulos

Sl. No	Methods/ Techniques	Algorithms Used	Parameters Analyzed	Existing Methods Involved	Proposed Methods Derived	Tools Used
1	VLSI Implementation & Analysis of BBC Algorithms.	BBC Algorithms.	PSNR, CR, MSE, BPP, Pixel, Time, Area, Speed & Power.	WBC, JPEG, DCT.	Fast Efficient BBC Algorithms.	Dual core processor, Windows 7 OS, MATLAB 7.8, FPGA Spartan3 EDK kit.

Quadro 3 (continuação)

Sl. No	Methods/ Techniques	Algorithms Used	Parameters Analyzed	Existing Methods Involved	Proposed Methods Derived	Tools Used
2	FPGA Implementation of Image Compression and Retrieval.	FPGA Based DWT and SPIHT Code Algorithm.	PSNR, CR, MSE, BPP, Pixel, Time, Area, Speed & Power.	Wavelet transform, JPEG, DCT, DFT, EZW.	FPGA Implementation Based DWT and SPIHT Code Algorithm.	Dual core processor, Windows 7 OS, MATLAB 7.8, FPGA Spartan3 EDK kit & VB.
3	Fast Efficient Satellite Image Compression and Decompression.	Fast Efficient WBA.	Pixel, PSNR, CR, MSE, BPP, Filter values.	Compression Models, JPEG Encoder /Decoder, AZTEC, PPM,LPM.	Fast Efficient Satellite Image Compression and Decompression for WBA.	Dual core processor, Windows 7 OS, MATLAB 7.8.
4	QTD Analysis of Compressed Image Data Communication for Lossless.	QTD Algorithm.	Pixel, PSNR, CR, MSE, BPP, Throughput, Energy consumption, Packet drop, PDR.	Fourier Transform, DFT, Discrete Cosine, DWT, Artificial NN.	WSN based QTD Algorithm Analysis.	Dual core processor, Windows 7 OS, MATLAB 7.8 & Network Simulator 2.
5	VLSI based Fast Efficient Lossless Image Compression System.	Fast Efficient SABC & FGRC Algorithm.	PSNR, CR, MSE, BPP, Pixel, Time, Area, Speed & Power.	Complex coding flow in ABC, Variable *K* parameter in GRC and Data dependency.	VLSI Based Fast Efficient ABC and Fixed *K* parameter in GRC.	Dual core processor, Windows 7 OS, MATLAB 7.8, Model SIM 6.5.

A Tabela 9 mostra a análise comparativa da discussão dos valores dos parâmetros de processamento de imagem. Aqui, são analisados todos os parâmetros do algoritmo de compressão de imagem acima referidos. O quadro 10 apresenta a análise comparativa da discussão dos valores dos parâmetros VLSI. Neste quadro, são analisadas todas as técnicas VLSI e os parâmetros de análise acima referidos. O quadro 11 apresenta a análise comparativa de todos os

os módulos anteriores em discussão. Aqui, são analisados o software, o algoritmo utilizado, as ferramentas utilizadas e os parâmetros de análise.

10.5 CONCLUSÃO E TRABALHO FUTURO

Neste capítulo, são apresentados os pormenores relativos ao trabalho futuro da minha investigação. Assim, a conclusão do capítulo de análise comparativa aborda todos os pormenores sobre a utilização de métodos, algoritmos, técnicas e, em seguida, o software utilizado nestas técnicas e analisa igualmente os vários parâmetros. Por último, são discutidos os pormenores sobre o trabalho futuro do módulo de investigação relativo a novas modificações.

REFERÊNCIAS

1. Akter, M, Reaz, MBI, Mohd-Yasin, F & Choong, F 2008, 'A modified SPIHT algorithm for real-time compression', Journal of Communication Technology Electronics, vol. 53, no. 6, pp.642-650.

2. Amine Bermak & Milin Zhang 2010, "Compressive Acquisition CMOS Image Sensor: From the Algorithm to Hardware Implementation", IEEE transactions on Very Large Scale Integration (VLSI) systems, vol. 18, no. 3, pp.490-500.

3. An, C & Wang, S 2008, 'Recursive algorithm, architectures and FPGA implementation of the two dimensional discrete cosine transform', IET Image Processing, vol. 2, pp. 286-294.

4. Andra, K, Chakrabarti, C & Acharya, T 2002, "A VLSI Architecture for Lifting Based Forward and Inverse Wavelet Transform", IEEE Transaction Signal Process, vol. 50, no. 4, pp. 966-977.

5. Bhuyan, M, Amin, N, Madesa, M & Islam, M 2007, 'FPGA Realization of Lifting Based Forward DWT for JPEG 2000', International Journal of Circuits, Systems and Signal Processing, vol. 1, no. 2, pp. 124-129.

6. Chen, P 2004, "VLSI implementation for one Dimensional multilevel lifting based wavelet transform", IEEE Trans. on Computers, vol. 53, no. 4, pp. 386-398.

7. Chien, SY, Huang, YW, Chen, CY, Chen, HH & Chen, LG 2005, "Hardware architecture design of video compression for multimedia communication systems", IEEE Commun. Mag., vol.43, no. 8, pp.123-131.

8. Chien-Wen Chen, Tsung-Ching Lin, Shi-Huang Chen & Trieu-Kien Truong 2009, 'A Near Lossless Wavelet Based Compression Scheme for Satellite Images', IEEE World Congress on Computer Science and Information Engineering, pp. 528-533.

9. Danian Gong, Yun He & Zhigang Cao 2004, "New Cost Effective VLSI Implementation of a

2-D Discrete Cosine Transform and Its Inverse", IEEE Transactions on Circuits and Systems for Video Technology, vol. 14, pp. 405-415.

10. Hansoo Kim & In-Cheol Park 2001, "High-Performance and Low Power memory interface architecture for video processing Applications", IEEE Transactions on Circuits and Systems for Video Technology, vol. 11, pp. 1160-1170.

11. Kai Liu, Evgeniy Belyaev & Jie Guo 2012, 'VLSI Architecture of Arithmetic Coder Used in SPIHT', IEEE transactions on Very Large Scale Integration (VLSI) Systems, vol. 20, no. 4, pp. 697-710.

12. Maamoun, M, Namane, A, Neggazi, M, Beguenane, R, Meraghni, A & Berkani, D 2009, "VLSI Design for High Speed Image Computing using Fast Convolution Based DWT", em Actas do Congresso Mundial de Engenharia, Londres, vol. I, pp. 15.

13. Muthukumaran, N & Ravi, R 2014, 'Simulation Based VLSI Implementation of Fast Efficient Lossless Image Compression System using Simplified Adjusted Binary Code & Golumb Rice Code', World Academy of Science, Engineering and Technology, vol. 8, no. 9, pp. 1603-1606.

14. Xiong, Z, Wu, X, Cheng, S & Hua, J 2003, "Lossy to lossless compression of medical volumetric images using three dimensional integer wavelet transforms", IEEE Trans. Med. Image, vol. 22, no. 3, pp. 459-470.

15. Muthukumaran, N & Ravi, R 2015 'The Performance Analysis of Fast Efficient Lossless Satellite Image Compression and Decompression for Wavelet Based Algorithm', Wireless Personal Communications, vol. 81, no. 2, pp. 839-859, SPRINGER.

Printed by Books on Demand GmbH, Norderstedt / Germany